最美的中国传统

种植的故事

朱一鸣 ◎ 编著

全国优秀出版社
浙江少年儿童出版社
·杭州·

图书在版编目（CIP）数据

种植的故事/朱一鸣编著.—杭州:浙江少年儿童出版社,2020.12
（最美的中国传统）
ISBN 978-7-5597-2225-6

Ⅰ.①种… Ⅱ.①朱… Ⅲ.①作物-儿童读物 Ⅳ.①S5-49

中国版本图书馆 CIP 数据核字(2020)第 216274 号

责任编辑　李艳鸽
美术编辑　陈悦帆
封面设计　炎　炎
插图绘制　夏　和
责任校对　苏足其
责任印制　孙　诚

最美的中国传统
种植的故事
ZHONGZHI DE GUSHI
朱一鸣　编著

浙江少年儿童出版社出版发行
（杭州市天目山路 40 号）
浙江新华印刷技术有限公司印刷
全国各地新华书店经销
开本:889mm×1194mm　1/16
印张:3.25
印数:1—38000
版次:2020 年 12 月第 1 版
印次:2020 年 12 月第 1 次印刷
书号:ISBN 978-7-5597-2225-6
定价:25.00 元
（如有印装质量问题,影响阅读,请与承印厂联系调换）
承印厂联系电话:0571—85164359

目　录

走进田野

中华文明起源于农耕文明。千百年来，生活在华夏大地的人们筛选出可以食用的谷物，制作并使用各种工具进行田野耕作，发现且总结归纳出二十四节气来指导农事活动，用勤劳和智慧创造了历史悠久的农耕文明。

二十四节气日历卡

2月   立春
迎春花开

一	二	三	四	五	六	日
1	2	3	4	5	6	7
二十	廿一	立春	廿三	廿四	廿五	廿六
8	9	10	11	12	13	14
廿七	廿八	廿九	除夕	春节	初二	初三
15	16	17	18	19	20	21
初四	初五	初六	雨水	初八	初九	初十
22	23	24	25	26	27	28
十一	十二	十三	十四	元宵节	十六	十七

爷爷的田野计划

    早上,妈妈翻开桌上的日历,发现今天是立春节气。于是,中午时她烙了春饼,做了好几个菜,还摆成了好看的春盘。

    宽宽吃得狼吞虎咽,在面前的桌子上掉了不少菜。

    妈妈说:"宽宽,吃饭不要浪费哦!"

    宽宽像以前一样,回答说:"就这点饭菜,没关系啦!"

    妈妈为这事感到很头疼:"怎样做才能让宽宽懂得珍惜粮食、节约粮食呢?"

    爸爸出了个主意:"要不,请宽宽的爷爷和外公来帮忙?"

妈妈觉得爸爸的主意太棒了！因为宽宽的爷爷在山东,是种小麦的一把好手,而宽宽的外公在江苏,是种水稻的老行家。

　　妈妈激动地说:"我怎么没想到呢? 现在的孩子很多都不知道粮食是怎么来的,应该让宽宽跟着爷爷和外公走入田间,长长见识。"

　　爸爸表示很赞同:"对,不经历'汗滴禾下土',就不知道盘中餐'粒粒皆辛苦'。顺便让宽宽了解一下我们国家历史悠久的农耕文明,这可是难得的机会。"

　　于是,当金秋送爽的季节来临,在小麦耕种开始前,爸爸妈妈给爷爷打电话说明情况,用高铁把宽宽送到了山东。爷爷在接到"任务"后,做好各方面的准备,还特意为宽宽制订了一份"田野计划"。

二十四节气日历卡

2月   **雨水**

大雁北飞，降雨增多

一	二	三	四	五	六	日
1 二十	*2* 廿一	*3* 立春	*4* 廿三	*5* 廿四	*6* 廿五	*7* 廿六
8 廿七	*9* 廿八	*10* 廿九	*11* 除夕	*12* 春节	*13* 初二	*14* 初三
15 初四	*16* 初五	*17* 初六	*18* 雨水	*19* 初八	*20* 初九	*21* 初十
22 十一	**23** 十二	**24** 十三	**25** 十四	**26** 元宵节	**27** 十六	**28** 十七

神农氏的传说

  爷爷种了一辈子地，对土地是打心底里喜欢。他希望宽宽跟着自己走进田间，通过劳动体验也能爱上中华民族历史悠久的农耕文明。晚上，他先给宽宽讲了关于农耕文明起源的传说——"神农氏"的故事。

  爷爷告诉宽宽，在很久以前的上古时代，人们基本靠采集和渔猎为生。为了填饱肚子，人们常常集体去打猎。如果遇到野兽，大家就齐心协力地追赶和围攻，这样才可能成功。但即便这样，人们还是常常饿肚子。

  有一个叫神农氏的部落首领，也被称为"炎帝"。他长着牛的头、人的身体，机智又勇敢。他很爱自己的百姓，为了解决百姓的温饱问题，就日夜观察寻找，冒着中毒的危险，采集了数以百计的植物来品尝。最终，神农氏不仅筛选出好吃的五种谷物，还发现了许多可以治病救人的草药。

野生的谷物虽然好吃，但数量不多，人们要跋山涉水地寻找，仍然是吃了上顿没下顿。神农氏想，要是能自己种植"五谷"就好了。但怎么种呢？

一次，神农氏在打猎时，看到一头野猪把长长的嘴巴伸到土里，一撅一撅地在拱土，拱过之后的泥土变得很松软。他受到启发，制作出专门用来翻土的工具，叫作"耒(lěi)"，后来又加以改进，"耒"变成了"耜(sì)"。

人们在神农氏的指导下，学会了使用耒耜种植"五谷"，终于有了稳定的食物来源。人们感念神农氏的功德，就尊称他为农业之神。

古人使用耒耕地，中国农业博物馆复原场景图

种植需要农具。考古学家研究发现，7000多年前，人们就地取材，用木、石、骨、蚌等材料，制造出石刀、骨铲、蚌镰、耒耜等原始农具，其中，耒耜的出现对农业生产影响巨大。

耒是在尖木棍的下端装上可用脚踩踏的横木，方便入土。耜是在耒的尖端安上石质、骨质、蚌质的刃片，像铲子一样，使挖土更轻松。

耒耜

石铲 中国农业博物馆馆藏   骨耜 中国农业博物馆馆藏

二十四节气日历卡

3月　　　　　　惊蛰
　　　　　　　　春雷响起

一	二	三	四	五	六	日
1 十八	2 十九	3 二十	4 廿一	5 惊蛰	6 廿三	7 廿四
8 廿五	9 廿六	10 廿七	11 廿八	12 廿九	13 二月	14 初二
15 初三	16 初四	17 初五	18 初六	19 初七	20 春分	21 初九
22 初十	23 十一	24 十二	25 十三	26 十四	27 十五	28 十六
29 十七	30 十八	31 十九				

四体勤，"五谷"分

宽宽问爷爷："您说的'五谷'是指哪五种粮食？我们吃的馒头、米饭肯定是吧？"

爷爷回答："馒头是用小麦结出的麦粒磨成面粉蒸出来的，米饭是用水稻结出的稻谷碾成的大米煮出来的，它们确实都是'五谷'之一。但'五谷'到底是指哪五种粮食作物，古时的说法也不一样，主要有两种：一种是'麻、黍(shǔ)、稷(jì)、麦、菽(shū)'，另一种是'稻、黍、稷、麦、菽'。"

认识五谷

稻　也叫水稻，是世界主要粮食作物之一。它的籽实叫稻谷，脱去黄黄的稻壳、碾掉米糠层之后，就是我们常吃的白白的大米。

黍　也叫黍子，叶子像细线一样，籽实是淡淡的黄色颗粒，去皮后叫黄米。煮熟之后黏黏的，现在主要用来酿酒、做糕等。

稷　也叫粟，谷穗成熟后呈金黄色，每颗穗上可以结成百上千的卵圆形籽粒。籽粒为黄色，个头很小，去皮后被人们叫作小米，通常用来熬粥。

6

"为什么会有不一样的说法呢?"宽宽问。

爷爷指着墙上的中国地图说:"中国地大物博,农业发展的历史又十分悠久。古代中国的经济中心起初在黄河流域,那里气候寒冷干旱,水稻种植不多,所以早期的'五谷'中没有'稻'。后来由于战乱等原因,许多人迁移到南方去生活。南方气候温暖湿润,适合水稻生长。随着南方人口越来越多,水稻的种植也越来越普遍,逐渐替代了'五谷'中的'麻'。"

宽宽说:"爷爷,除了小麦和水稻,其他的我都不太熟悉呀。"

爷爷笑着解释说:"麻、黍、稷、菽分别指的是大麻、黍子、粟和大豆。不过,现在人们以小麦、水稻、玉米等为主食,'五谷'也不再特指哪五种,而是泛指各种主粮作物,除此之外的粮食都被称作'杂粮'。我们常说的'五谷杂粮'就是这么来的。"

爷爷摸摸宽宽的头,说道:"《论语·微子》里有说'四体不勤,五谷不分',我们不仅要学习书本上的知识,更要多观察生活,多实践,可不能做'四体不勤,五谷不分'的书呆子。"

麦 也叫小麦、麦子,一直是世界主要粮食作物之一。籽实去壳后是麦粒,麦粒去掉种皮磨成面粉后,可以制作馒头、面条、面包等食品。

麻 指大麻,大麻的种子在古代作为粮食被人们食用,现代主要用它的茎皮做衣物、麻布及造纸。

菽 在古代主要指大豆。大豆,在周代被称作菽,秦汉以后才被称为豆。现在多用来榨油、打豆浆、做豆腐以及制作动物饲料。

二十四节气日历卡

3月   春分
春天过半

一	二	三	四	五	六	日
1 十八	2 十九	3 二十	4 廿一	5 惊蛰	6 廿三	7 廿四
8 廿五	9 廿六	10 廿七	11 廿八	12 二月	13 初一	14 初二
15 初三	16 初四	17 初五	18 初六	19 初七	20 春分	21 初九
22 初十	23 十一	24 十二	25 十三	26 十四	27 十五	28 十六
29 十七	30 十八	31 十九				

农耕文化的起源地

听爷爷讲完故事，宽宽很快进入了梦乡。他做了个梦，梦见自己长着牛角，穿着草裙，像神农氏一样，跟人们一起在田间耕种。

第二天一早，宽宽把他的梦告诉了爷爷。他好奇地问："爷爷，神农氏真了不起！他真的存在吗？"

"哈哈，傻孩子，神农氏的故事当然不全是真的。"爷爷笑着说，"以前的人们不知道最早的农业是怎么产生的，他们根据自己的生活经验，加上丰富的想象，才形成了这个美丽的传说故事。现在，考古学家们利用科学的方法和先进的仪器，已经在我国不少地方发现了早期人类种植的痕迹，比如浙江的河姆渡遗址和陕西的半坡遗址。"

我国原始农耕文化遗址

河姆渡遗址

　　河姆渡文化距今约7000年,其遗址位于浙江省余姚市罗江乡河姆渡村,是我国已发现的新石器时代文化之一,也是长江流域农耕文化的代表。在河姆渡遗址中,人们发现了早期的农具和大量稻壳,说明当时的人们已经开始种植水稻,也证明了我国是世界上最早栽培水稻的国家之一。

河姆渡人生活场景　中国农业博物馆复原场景图

半坡遗址

　　半坡文化距今有6000多年,其遗址位于陕西省西安市附近的半坡村,是我国已发现的新石器时代文化之一,也是黄河流域农耕文化的代表。在半坡遗址中,人们发现了多种农具、盛粟的罐以及粟腐朽后的遗物,这证明半坡人已经开始种植粟。在出土的陶罐中还发现了蔬菜的种子,说明当时的人们已经在种植蔬菜了。

半坡人生活场景　中国农业博物馆复原场景图

二十四节气日历卡

4月　　　　**清明**
　　　　　　　　杨柳青青

一	二	三	四	五	六	日
			1 二十	2 廿一	3 廿二	4 清明
5 廿四	6 廿五	7 廿六	8 廿七	9 廿八	10 廿九	11 三十
12 三月	13 初二	14 初三	15 初四	16 初五	17 初六	18 初七
19 初八	20 谷雨	21 初十	22 十一	23 十二	24 十三	25 十四
26 十五	27 十六	28 十七	29 十八	30 十九		

二十四节气里的奥秘

　　听完爷爷的讲述，宽宽不禁感叹："我们的祖先真是了不起！"

　　爷爷说："是啊，我们祖先的智慧大着呢。我国的黄河流域一年四季变化分明，人们在长期的农业劳动中发现太阳的位置、季节和气候的变换会影响万物的生长，它们之间还遵循着一定的规律。于是，人们使用观物候、测日影、观天象等方法，不断寻找和认识这些规律，把一年总结为二十四个节气，每个月有两个节气……"

　　"二十四节气，我知道！"宽宽抢着说，"我还会背《二十四节气歌》呢！"

探索二十四节气

观物候 观察动植物及大自然中风雨雷电的表现等。

白露时节，大雁南飞。

观天象 观测北斗星斗柄的指向及二十八星宿的变化。

古人有说："斗柄东指，天下皆春；斗柄南指，天下皆夏；斗柄西指，天下皆秋；斗柄北指，天下皆冬。"斗柄每行十五度为一节气，二十四节气正好形成一个太阳回归年。

测日影 测量日光照射物体所形成的阴影的长短。

河南登封古天文台，建于元朝初年。高高耸立的城楼式建筑相当于一根直立于地面的竿子，台下的"长堤"是一把用来量日影的尺子。每天正午，阳光将两室中间横梁的影子投在"量天尺"上。冬至这天正午的投影最长，夏至这天正午的投影最短。从一个冬至或夏至到下一个冬至或夏至，就是一个回归年。

春雨惊春清谷天，夏满芒夏暑相连。

秋处露秋寒霜降，冬雪雪冬小大寒。

每月两节不变更，最多相差一两天。

上半年来六廿一，下半年是八廿三。

爷爷夸奖道："宽宽背得很熟。不过，'二十四节气'可不仅仅是一首诗歌，它是我们祖先智慧的结晶，里面的奥秘可多着呢!"

"哦，还有什么奥秘?"宽宽睁大了眼睛。

"看，"爷爷指着墙上挂着的一幅日历说，"我们的日历上标出了各个节气。每一个节气都蕴藏着时候、气候、物候三候的变化，具体来说就是季节时令、温度雨水，还有动植物生长及自然现象的变化规律。"

爷爷说："掌握了这些规律后，什么时候天气暖和要耕种，什么时候天气干旱要浇水，什么时候容易滋生病虫害要防治，什么时候作物成熟可以收割等，都可以大致判断出来，人们进行耕作就更方便了。千百年来，人们都是参照节气来进行农业生产的。"

节气告诉你

反映季节变化的节气

立春：春季开始，万物复苏。

立夏：夏季开始，万物进入生长旺季。

立秋：秋季开始，草木结果孕子，是收获的季节。

立冬：冬季开始，作物收获后储藏入仓，动物也藏起来准备冬眠。

春分：太阳直射赤道，此后太阳直射点继续北移，这一天白天夜晚时间相等。

秋分：太阳直射赤道，此后太阳直射点继续南移，这一天白天夜晚时间相等。

夏至：炎热的夏季来临。这一天北半球白天最长，夜晚最短。

冬至：寒冷的冬季来临。这一天北半球白天最短，夜晚最长。

立春

立冬

反映寒暑变化的节气

小暑：天气较热，但还没到最热。

大暑：一年中最热的时候。

处暑：炎热的夏季即将过去。

小寒：天气较冷，但还没到最冷。

大寒：一年中最冷的时候。

小暑

大寒

谷雨

大雪

反映降水变化的节气

雨水：降水增多，气温回升，冰雪融化。

谷雨：雨量充足，谷类作物茁壮成长。

白露：天气转凉，清晨时分会发现地面和叶子上有许多露珠。

寒露：气温更低，地面的露水更冷，快要凝结成冰。

霜降：气温骤降，昼夜温差大，地面会出现大片白霜。

小雪：天气寒冷，由下雨转为下雪，但不是非常冷，雪量不大。

大雪：天气更冷，气温显著下降，降雪量增多。

反映物候变化的节气

惊蛰：天气回暖，春雷始鸣，惊醒了蛰伏于地下冬眠的昆虫。

清明：天气清朗，草木繁茂，细雨纷纷，枝叶清洁而明净。

小满：夏熟作物的籽粒开始灌浆饱满，但还未成熟。

芒种：麦类等有芒作物成熟，需要收割，晚稻、黍、稷等夏播作物需要播种，是农作最繁忙的时候。

芒种

麦宝成长记

小麦是世界上最早被种植的农作物。古代劳动人民探索出整地、播种、管理、收割、加工等一整套生产流程,最终才收获了金黄的麦粒。每粒麦子都凝聚着人们辛勤的汗水,承载着人们对美好生活的期盼。

二十四节气日历卡

9月　　　　白露
晨露生，雁南飞

一	二	三	四	五	六	日
		1 廿五	2 廿六	3 廿七	4 廿八	5 廿九
6 三十	7 白露	8 初二	9 初三	10 初四	11 初五	12 初六
13 初七	14 初八	15 初九	16 初十	17 十一	18 十二	19 十三
20 十四	21 中秋节	22 十六	23 秋分	24 十八	25 十九	26 二十
27 廿一	28 廿二	29 廿三	30 廿四			

认识麦宝

爷爷"田野计划"的另一个重要内容，是让宽宽体验小麦种植。他问宽宽："你知道世界上最早被人们种植的农作物是什么吗？"

宽宽想，神农氏的传说里提到了"五谷"，但到底哪种作物是最早被种植的呢？还真答不上来。

爷爷手心里捧着一粒小小的种子给宽宽看："就是这个小家伙！"

宽宽小心翼翼地捏起麦宝，找了个小盒子装好放在枕头边，期待有一天自己亲手把它种到土地里，看着它发芽、长大……

麦宝的自我介绍

我叫麦宝，是一粒小麦果实，也叫麦粒。我脱去外衣后，可以被磨成雪白的面粉。面粉能被加工成面包、馒头、面条等各种好吃的食物。

根据种植时间的不同，我的家族分为冬小麦和春小麦。冬小麦在秋天播种，经历出苗、三叶、分蘖（niè）、越冬、返青、起身、拔节、孕穗、抽穗、开花、灌浆、成熟这些阶段，到第二年夏天收获；春小麦则在春天播种，不需要越冬，当年秋天就能收获。

麦粒

面粉

二十四节气日历卡

9月

1 廿五	2 廿六	3 廿七	4 廿八	5 廿九
6 三十	7 白露	8 初二	9 初三	10 初四	11 初五	12 初六
13 初七	14 初八	15 初九	16 初十	17 十一	18 十二	19 十三
20 十四	21 中秋节	22 十六	23 秋分	24 十八	25 十九	26 二十
27 廿一	28 廿二	29 廿三	30 廿四

麦宝的新家

中秋节一过,村子里家家户户就都忙碌起来。

爷爷赶着牛,拉了一车农具,带着宽宽去田间。他告诉宽宽,小麦耕种要准备开始了。"人误地一时,地误人一年。"要是耕种不及时,错过了小麦生长的好时候,这一年小麦的收成不好,那可就要饿肚子啰。

宽宽想起麦宝还在家里,着急起来,想跑回去拿。

爷爷笑了:"别急别急,今天还种不了。咱们要先把麦宝的新家收拾好,让它住得舒服,住得舒服了,才能长得好。"

爷爷往一个脸盆里倒入一些白色的细小颗粒，一边走一边用手抓着撒到田里："这些是肥料，能为小麦成长提供充足的营养。"

撒完化肥后，爷爷又指了指车上的农具，说："下面要让牛分别拉着犁、耙（bà）、耱（mò）来整地了。"

先用犁。犁前面尖尖的部位插入土中，把土壤翻松，这样可以让作物更好地扎根，使肥料分布得更均匀，还能杀死土壤里面的害虫。

再用耙。爷爷两脚一前一后踩在耙的横梁上，让耙齿插入土中，把地里的大土块打碎。

最后用耱。这次宽宽自告奋勇站在耱上，两脚叉开，牵着绳。耱过的地方，土壤被压得平平的。

用来翻耕土壤的整地农具，由犁辕、扶手、铁犁铧等组成，由耒耜发展而来。犁的种类有很多，麦田里一般使用直辕犁，它的犁辕是笔直的。

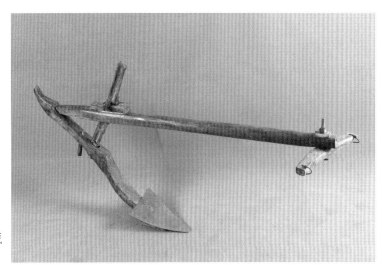

直辕犁 中国农业博物馆馆藏

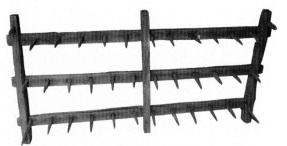

旱地耙 中国农业博物馆馆藏

用来压平土壤的整地农具，由荆条编织而成。

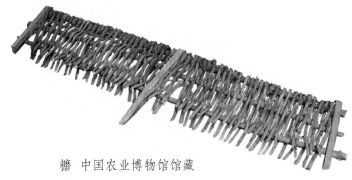

耱 中国农业博物馆馆藏

用来打碎土壤的整地农具，由木框、横梁、排列整齐的铁齿组成。麦田里用的耙是旱地耙。

　　土地终于整理好了。爷爷扯来一根又长又粗的水管，拉到田地中间，开始浇水。水管上有些地方破了，水漏出来，在压力下形成了一个个小喷泉。

　　宽宽问爷爷："水管里的水来自哪里呢？"

　　爷爷说："是村子里的机井，水泵把水从井里抽出来。整个村子浇地的水都是从那口机井里引出来的。"

　　爷爷还告诉宽宽，农田浇水也叫灌溉。只有土壤太干时，才需要灌溉。灌溉时，水既不能太多，也不能太少，要保证灌溉过的土壤不能太湿也不能太干。土壤太干，种子萌发需要的水分就不够；土壤太湿，水分过多，种子萌发需要的氧气就不足。

开启新的生命历程

"秋分早，霜降迟，寒露种麦正当时。"爷爷说，最近这段时间，小麦要开始播种啦！这一天，天还没亮，宽宽就跟着爷爷来到田间。当然，这次他可没忘记带上麦宝。

爷爷把小麦种子倒进一个叫耧（lóu）车的农具里，一个农民叔叔在前面牵着牛，牛拉着耧车往前走。爷爷一边走一边不停地摇晃耧车，一排排小麦种子从耧车的脚下滚出来，刚好掉进耧车脚挖出的小沟里，但随即又被掀起来的泥土盖上。宽宽找了个靠近路边的位置把麦宝种好，还用小石头围了一圈做记号。

二十四节气日历卡

10月　　　寒露

一	二	三	四	五	六	日
				1 国庆节	2 廿六	3 廿七
4 廿八	5 廿九	6 九月	7 初二	8 寒露	9 初四	10 初五
11 初六	12 初七	13 初八	14 重阳节	15 初十	16 十一	17 十二
18 十三	19 十四	20 十五	21 十六	22 十七	23 霜降	24 十九
25 二十	26 廿一	27 廿二	28 廿三	29 廿四	30 廿五	31 廿六

二十四节气日历卡

11月　　　立冬

一	二	三	四	五	六	日
1 廿七	2 廿八	3 廿九	4 三十	5 十月	6 初二	7 立冬
8 初四	9 初五	10 初六	11 初七	12 初八	13 初九	14 初十
15 十一	16 十二	17 十三	18 十四	19 十五	20 十六	21 十七
22 小雪	23 十九	24 二十	25 廿一	26 廿二	27 廿三	28 廿四
29 廿五	30 廿六					

✏️ 宽宽日记

10月20日　晴

　　今天我好高兴，因为小麦们陆陆续续发芽了，麦宝也拱出了地面。它有一片绿色的叶子，站得笔直笔直，可精神了！爷爷忙着在没有出苗的地方补种，他还告诉我："小麦从出苗到成熟，大约需要8个月。"

11月5日　晴

　　我发现，麦宝长出了三片叶子，像一个可爱的小天使张开了双臂。我想，它应该是很喜欢我，想要抱抱我吧！

11月20日　晴

　　今天去看麦宝，发现它分成了好多枝。爷爷说这叫分niè，说明它长得很好！太棒啦！

　　耧车是用来播种小麦、大豆等的农具，由耧斗、耧腿和耧架组成，能同时开沟、播种和盖土。播种时晃动耧车，装在耧斗里的种子便会掉入斗底的洞中，沿着空心的耧腿滚落到地面。耧腿上装有铁犁铧，前进时开沟，种子正好落入沟里，翻起的泥土很快又把种子盖上。

二十四节气日历卡

11月 小雪

适时冬灌，晚蘖

一	二	三	四	五	六	日
1 廿七	2 廿八	3 廿九	4 三十	5 十月	6 初二	7 立冬
8 初四	9 初五	10 初六	11 初七	12 初八	13 初九	14 初十
15 十一	16 十二	17 十三	18 十四	19 十五	20 十六	21 十七
22 小雪	23 十九	24 二十	25 廿一	26 廿二	27 廿三	28 廿四
29 廿五	30 廿六					

经历严寒的考验

小雪节气到了，天气越来越冷。爷爷把水管接上，一边给麦田浇水，一边念叨着"麦子要长好，冬灌少不了"。

宽宽问爷爷："麦宝不怕冷吗？会不会被冻着？"

爷爷说："别担心，冬小麦很顽强。天气一冷，它就开始越冬，地面上绿油油的部分虽然生长得很慢，但地下的根会一直往下生长，寻找水分和营养。冬天虽然雨水少，但通过灌溉，不仅小麦不会渴着，还能冻死害虫。"

寒冷的冬天没有农活，农田里一片静悄悄。村子里却热闹起来，人们忙着打扫房屋，购置年货，张灯结彩迎接春节的到来。爷爷说"农闲全在冬"，宽宽说"我也要越冬"，逗得爷爷哈哈大笑。

　　一天早晨，宽宽惊讶地发现，屋外白茫茫一片，下大雪了！他赶紧跑到地里一看，麦宝的全身几乎都被厚厚的雪盖住了，只露出几片叶子在外面。

　　爷爷别提有多高兴了，像个孩子一样叫起来："瑞雪兆丰年，来年小麦丰收有望啰！"

瑞雪兆丰年

　　农谚有言：冬天麦盖三层被，来年枕着馒头睡。

　　小麦为什么这么喜欢雪呢？

　　这是因为松松的雪片之间充满了难以传热的空气，可以为小麦保温。当天气回暖时，白雪渐渐融化，含有氮素的雪水渗入土壤，又可以为小麦提供充足的水分和营养，同时还能冻死藏在土壤中越冬的害虫和病菌。因此，像棉被一样盖在小麦身上的积雪越厚，来年的收成就会越好。

二十四节气日历卡

12月 大雪

一	二	三	四	五	六	日
	1 廿七	2 廿八	3 廿九	4 冬月	5 初二
6 初三	7 大雪	8 初五	9 初六	10 初七	11 初八	12 初九
13 初十	14 十一	15 十二	16 十三	17 十四	18 十五	19 十六
20 十七	21 冬至	22 十九	23 二十	24 廿一	25 廿二	26 廿三
27 廿四	28 廿五	29 廿六	30 廿七	31 廿八		

二十四节气日历卡

12月 冬至

一	二	三	四	五	六	日
	1 廿七	2 廿八	3 廿九	4 冬月	5 初二
6 初三	7 大雪	8 初五	9 初六	10 初七	11 初八	12 初九
13 初十	14 十一	15 十二	16 十三	17 十四	18 十五	19 十六
20 十七	21 冬至	22 十九	23 二十	24 廿一	25 廿二	26 廿三
27 廿四	28 廿五	29 廿六	30 廿七	31 廿八		

二十四节气日历卡

1月 小寒

一	二	三	四	五	六	日
					1 元旦	2 三十
3 腊月	4 初二	5 小寒	6 初四	7 初五	8 初六	9 初七
10 腊八节	11 初九	12 初十	13 十一	14 十二	15 十三	16 十四
17 十五	18 十六	19 十七	20 大寒	21 十九	22 二十	23 廿一
24 廿二	25 廿三	26 廿四	27 廿五	28 廿六	29 廿七	30 廿八
31 除夕						

二十四节气日历卡

1月 大寒

一	二	三	四	五	六	日
					1 元旦	2 三十
3 腊月	4 初二	5 小寒	6 初四	7 初五	8 初六	9 初七
10 腊八节	11 初九	12 初十	13 十一	14 十二	15 十三	16 十四
17 十五	18 十六	19 十七	20 大寒	21 十九	22 二十	23 廿一
24 廿二	25 廿三	26 廿四	27 廿五	28 廿六	29 廿七	30 廿八
31 除夕						

二十四节气日历卡

3月　　惊蛰
适时浇返青水，锄草

一	二	三	四	五	六	日
1 廿九	*2* 三十	*3* 二月	*4* 初二	*5* 惊蛰	*6* 初四	
7 初五	*8* 初六	*9* 初七	*10* 初八	*11* 初九	*12* 初十	*13* 十一
14 十二	*15* 十三	*16* 十四	*17* 十五	*18* 十六	*19* 十七	*20* 春分
21 十九	*22* 二十	*23* 廿一	*24* 廿二	*25* 廿三	*26* 廿四	*27* 廿五
28 廿六	*29* 廿七	*30* 廿八	*31* 廿九			

不负春夏，蓬勃生长

寒冬过后，天气渐渐暖和，转眼就到了惊蛰节气。

宽宽发现，麦宝原来暗绿带黄的叶片变成了青绿色，中间还冒出了嫩嫩的小叶子。爷爷说："这是小麦在恢复生长，也叫返青。这时候田里最不能缺水，如果比较干旱，就要浇返青水。这两天又有的忙活啰！"

宽宽看着天，说："要是能下一场雨该多好，就不用浇水了。"

说来也真巧，忽然从远处传来轰隆隆的雷声，哈，一场春雨就要来啦！

宽宽激动得一蹦老高，爷爷也高兴得合不拢嘴，连声说："好好好！"

锄头是我国传统的整地农具，由锄刃和锄柄构成。锄刃用铁制成，形式多样，锄柄是一根长长的圆柱形木棍。除了除草，锄头还可以挖掘、松土和碎土。

各式锄头　中国农业博物馆馆藏

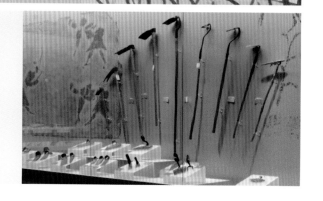

有了雨水的滋润，麦田里长出了好多不认识的小草。爷爷说，这些都是杂草，是小麦的敌人，会抢走小麦的水分和营养，要拿锄头把它们赶走。

赶走杂草，保护小麦！宽宽斗志昂扬地拿起锄头，走进麦田，学着爷爷有模有样地锄起草来。不一会儿，他就满头大汗了。

看着杂草越来越少，宽宽觉得再累都值得。

这天晚上吃饭的时候，宽宽把碗里的饭菜吃得精光，一点儿都没剩下，因为他亲身体会到了"锄禾日当午，汗滴禾下土"这句古诗的含义。

今天爷爷教我认识了许多麦田里的杂草，我还采了一些回来。一起来认识一下吧！

🌾 认识野草

苍耳 叶子像扇子，成熟后能结出像刺猬一样的小果实，很容易粘在人的衣服上。

马齿苋(xiàn) 叶子厚厚的，茎呈紫红色。它不仅能吃，还可以用作药物来治病。

猪殃殃 猪吃了它会病恹恹(yān)的，所以叫猪殃殃。它还有一个名字叫拉拉藤，因为用手一拉它，能拉出很长的藤。

荠菜 叶子像锯齿，贴着地面生长。它常被人们采来做饺子馅儿，味道鲜美。

锄完草后，很长一段时间都没什么农活。

爷爷说："这会儿小麦正尽情地生长呢。'清明拔三节，谷雨麦怀胎，立夏长胡须。'不信你仔细观察。"

宽宽觉得，爷爷像个大预言家。

二十四节气日历卡

5月　　　**立夏**
　　　　　　小麦快长

一	二	三	四	五	六	日
						1 劳动节
2 初二	**3** 初三	*4* 青年节	**5** 立夏	**6** 初六	**7** 初七	**8** 初八
9 初九	*10* 初十	*11* 十一	*12* 十二	*13* 十三	*14* 十四	*15* 十五
16 十六	*17* 十七	*18* 十八	*19* 十九	**20** 二十	*21* 小满	**22** 廿二
23 廿三	**24** 廿四	**25** 廿五	**26** 廿六	**27** 廿七	**28** 廿八	**29** 廿九
30 五月	*31* 初二					

✎ **宽宽日记**

　　4月5日（清明）　小雨

　　麦宝的个子越长越高，一节节地往上蹿。现在，它快比我的腿还长了！

　　4月20日（谷雨）　雨

　　麦宝的顶端鼓鼓的，看起来像肚子里有了小宝宝。爷爷说，那里面就是麦穗。

　　5月5日（立夏）　晴

　　麦宝抽穗啦！麦穗上挂着好多绿色的麦粒，上面还长了尖尖的长胡子。爷爷说，那不是胡子，而是麦芒，能帮助麦穗缓冲强风的吹动，还可以防止麦粒被鸟儿吃掉。

接连下了几天的雨,空气潮湿又温暖。宽宽看见麦宝的麦穗上爬着一些绿色的小虫子。再看看其他小麦,宽宽又发现了好些小虫子,有红色的,绿色的,会飞的,不会飞的,各种各样。

爷爷说:"现在天气暖和,小虫子们都出来了。有些小虫子喜欢吃小麦,是害虫。有些小虫子喜欢吃害虫,是益虫。益虫可以保护小麦不受害虫的伤害,所以,我们一定要好好保护它们。"

听说七星瓢虫会吃害虫,宽宽抓了好几只放在麦宝的叶片上。

麦田害虫

蚜虫 也叫腻虫,是一种小小的绿色虫子,有的有翅膀,有的没有翅膀。它们用尖尖的嘴刺进小麦的麦穗、麦秆和叶片里,吸食汁液。

麦蜘蛛 一种螨虫,非常小,有红色的腿和圆圆的褐色肚子,吸食小麦汁液,不太喜欢下雨。

棉铃虫 专吃棉花、玉米、小麦和茄子等各种作物和蔬菜。幼虫胖嘟嘟的,喜欢啃食小麦的叶片,长大后会变成蛾子飞来飞去。

麦田益虫

七星瓢虫 瓢虫有很多种类,其中,身上有七个黑色斑点的瓢虫是益虫,喜欢吃蚜虫和麦蜘蛛。

茧蜂 它会把卵产在蚜虫的身体里,小茧蜂孵化出来以后,不断吸食蚜虫体内的营养,最后把蚜虫杀死。

食蚜蝇 身上有黄黑色条纹,长得有点像蜜蜂,但不会蜇人,捕食性的食蚜蝇喜欢吃蚜虫等害虫。

二十四节气日历卡

5月　　　　　　　小满
麦粒灌浆

一	二	三	四	五	六	日
						1 劳动节
2 初二	3 初三	4 青年节	5 立夏	6 初六	7 初七	8 初八
9 初九	10 初十	11 十一	12 十二	13 十三	14 十四	15 十五
16 十六	17 十七	18 十八	19 十九	20 二十	21 小满	22 廿二
23 廿三	24 廿四	25 廿五	26 廿六	27 廿七	28 廿八	29 廿九
30 五月	31 初二					

麦浪滚滚丰收忙

✏️ **宽宽日记**

> 5月15日　晴
>
> 　　今天特别开心！小麦都开花啦！麦穗上挂着好多黄黄的小花，好可爱！
>
> 　　爷爷说，每朵小花只开十几分钟，整株麦子开完花也就一个星期左右的
>
> 时间。短暂的花期里，花粉随风飘散，完成传粉、受精等任务。

　　爷爷说，进入小满节气后，小麦便开始灌浆，麦穗里的营养物质不断聚集，形成麦粒并渐渐饱满。小满小满，麦粒渐满啰！

　　花期结束后，麦田好像被施了魔法，渐渐从绿色变成黄绿色，再变成金黄色。

布谷鸟真的在提醒人们收割麦子吗？

布谷鸟，又名杜鹃、子规，有着灰色的身体，黑褐色的尾巴，白色的斑纹。它生活在平原或者山地，喜欢吃各种害虫，属于益鸟，是农民和庄稼的好朋友。

布谷鸟的鸣叫具有时令性，每到初夏时节，布谷鸟就会拉长声音鸣叫求偶。这时，正好小麦灌浆结束，即将成熟，人们自然而然就将它的鸣叫与小麦收割联系了起来。

这几天，宽宽总能听见麦田里回荡着清脆嘹亮的鸟鸣声。

爷爷说那是布谷鸟在说："布谷！布谷！麦子快熟！"它们在提醒人们，小麦就快成熟了，要准备收割了。

很快，芒种到了，整片麦田都变成了金黄色，风一吹，像波浪在翻滚。宽宽觉得，现在的麦宝就像是一根可爱的摇晃着大脑袋的棒棒糖。

麦田里一片繁忙的景象，小麦收割开始啦！

爷爷穿着长衣长袖，头戴草帽，脖子上搭条毛巾，弯着腰，唰唰唰地挥舞着镰刀。不一会儿，一把把麦穗被割下来，一捆捆地绑在一起。

宽宽也没闲着，他一会儿捡麦穗，一会儿捆麦穗，还帮着把捆好的麦穗抱到架子车上。爷爷直夸他能干。

镰刀是我国传统的收割农具，由刀片和木把构成。由于作用和地区的不同，镰刀的样式也不同。收割小麦的镰刀手柄较长，刀刃较短，上面平滑没有锯齿，主要用于收割水分较少的作物。

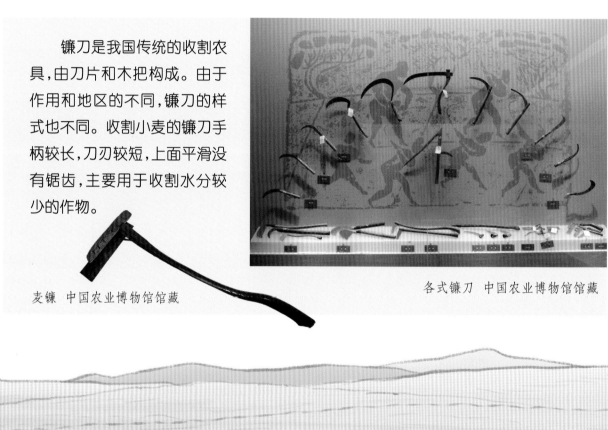

麦镰　中国农业博物馆馆藏

各式镰刀　中国农业博物馆馆藏

麦捆装满一车后，要拉到打麦场上用谷耙摊开，在太阳下暴晒几天。

晒好后，爷爷用牛拉着圆柱形的大碌碡，不停地转圈碾压，让麦粒脱壳。脱粒后，麦秆和麦叶被铁叉挑走，堆成高高的垛。

接着是扬场。爷爷用扬锨(xiān)把地上的麦粒和麦壳高高地扬起，空空的麦壳被风吹得远远的，饱满的麦粒掉落在脚下，待聚集较多后，扫成一堆，用大口袋装好，拉回家里再晒几天。

晚上睡觉前，宽宽想起这几天爷爷总是说腰酸背痛，就认真地给爷爷捶起背来。不过实在太累了，没捶几下，他和爷爷就都呼呼地睡着了……

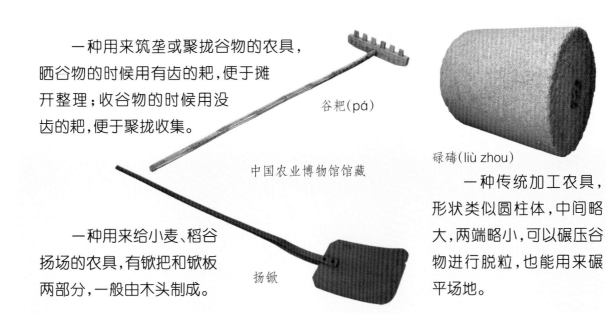

一种用来筑垄或聚拢谷物的农具，晒谷物的时候用有齿的耙，便于摊开整理；收谷物的时候用没齿的耙，便于聚拢收集。

谷耙(pá)

中国农业博物馆馆藏

碌碡(liù zhou)

一种传统加工农具，形状类似圆柱体，中间略大，两端略小，可以碾压谷物进行脱粒，也能用来碾平场地。

一种用来给小麦、稻谷扬场的农具，有锨把和锨板两部分，一般由木头制成。

扬锨

第二天,爷爷告诉宽宽,收回来的麦子晒干后,还要用筛子筛几遍,再储存起来。要加工之前,先用水洗干净,晒干水分,再用石磨磨成面粉。

爷爷笑呵呵地说:"有了面粉,馒头、面条、饺子、大饼就都有啦!"

宽宽连忙接着说:"还有面包、饼干和蛋糕!"

爷爷哈哈大笑,说:"对对对,都是宽宽爱吃的!"

一种传统的粮食加工农具。上下两层为扁圆形石柱,上层中央有磨眼,两层石柱接合处有纹理,由人力、畜力或水力牵引,在旋转过程中把注入磨眼的粮食研磨成粉状。

手磨
中国农业博物馆馆藏

石碾 中国农业博物馆馆藏

✏ **宽宽日记**

6月20日 晴

明天爸爸妈妈就要来接我回家了。虽然我很想念他们,但想到要离开爷爷家,我还真有点舍不得。

在爷爷这儿,我认识了麦宝,学习到很多关于种植的知识,还帮着爷爷一起干活。虽然有些辛苦,但我很开心!

没想到一粒小小的麦子,种在土里,可以结出这么多麦粒。等爸爸妈妈来了,我一定要给他们看看我的劳动成果!

麦宝的现代种植

为了让种植变得更加高效，人们不断从传统种植中汲取智慧和经验，使用了一系列科学的方法和先进的农用机械。一起来了解一下吧！

① 使用集犁、耙、耱功能于一体的旋耕机整地。

② 选择高产、抗病的麦种，用播种机播种。

③ 根据麦田情况精准施肥。除去病虫害和杂草时，使用不伤害环境的方法和药物，如喷洒微生物农药。

④ 使用喷灌技术进行节水灌溉，通过压力管道把水输送到田间，再用喷头喷射到空中，均匀洒落。

⑤ 使用收割机收割、脱粒，麦秆粉碎后抛撒入农田作为肥料，麦粒使用烘干机烘干后储存加工。

米娃成长记

伴随水稻成长的，是泥泞水田里深深浅浅的脚印，是斜风细雨中笨拙厚重的蓑衣，是烈日炙烤下被汗水浸透的衣衫，是秋风吹拂时挥舞衣袖的稻草人，更是金色稻浪边喜笑颜开的脸庞……

二十四节气日历卡

4月　　谷雨
商务谷类

一	二	三	四	五	六
					1 十一	2 十二
3 十三	4 十四	5 清明	6 十六	7 十七	8 十八	9 十九
10 二十	11 廿一	12 廿二	13 廿三	14 廿四	15 廿五	16 廿六
17 廿七	18 廿八	19 廿九	20 谷雨	21 初二	22 初三	23 初四
24 初五	25 初六	26 初七	27 初八	28 初九	29 初十	30 十一

认识米娃

自打去年从爷爷家回来，宽宽就一直期待着能再次走进田野。

快到五一劳动节了，听爸爸妈妈说，过两天准备去江苏的外公家，那里的水稻种植就快开始了。宽宽听了，激动地大声欢呼："好耶！"

到了外公家，外公给宽宽介绍了一个新伙伴——水稻。

外公说，水稻分粳(jīng)稻和籼(xiān)稻。粳稻的米粒短而胖，吃起来有点黏，主要种在北方；籼稻的米粒长而瘦，吃起来不太黏，主要种在南方。

米娃的自我介绍

我叫米娃，是一粒水稻果实，也叫稻谷。

我的一生大约有5个月，会经历萌发、出苗、分蘖、拔节、孕穗、抽穗、扬花、灌浆等过程，成熟时能结出成百上千粒稻谷。

我的模样是长圆形的，两端有点尖，披着一层硬硬的黄色外壳，脱去壳后是糙米，糙米再去掉一层皮，就是大家平时吃的白白的大米。

我和小麦一样，都是重要的粮食作物，世界上有近一半人口以我为主食。

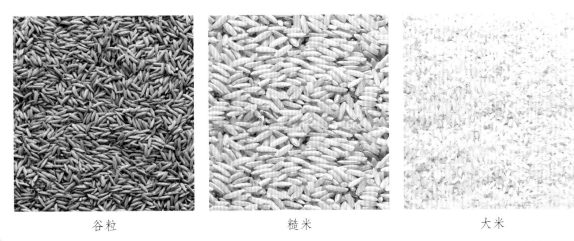

谷粒	糙米	大米

二十四节气日历卡

5月　　　立夏

水稻开始整地，催芽

一	二	三	四	五	六	日
1 劳动节	*2* 十三	*3* 十四	*4* 青年节	*5* 十六	*6* 立夏	*7* 十八
8 十九	*9* 二十	*10* 廿一	*11* 廿二	*12* 廿三	*13* 廿四	*14* 廿五
15 廿六	*16* 廿七	*17* 廿八	*18* 廿九	*19* 四月	*20* 初二	*21* 小满
22 初四	*23* 初五	*24* 初六	*25* 初七	*26* 初八	*27* 初九	*28* 初十
29 十一	*30* 十二	*31* 十三				

准备工作要做好

　　立夏节气来临，外公告诉宽宽，最近这段时间要抓紧做好水稻栽种前的准备工作。

　　宽宽听了，马上接着说："我知道，要先整地！"

　　外公笑着点点头："对对对，宁愿田等秧，不愿秧等田！"

　　外公说，传统的水稻种植离不开水，整地之前要先往地里撒好肥料，再用水车把河水引进田里，让土壤泡上三五天的澡。

　　宽宽很喜欢踩河里的龙骨水车。外公直夸他技术好。

　　几天后，泥土已经被泡得又湿又软，外公要正式开始整地了。

　　宽宽发现，外公用的犁跟爷爷用的不一样。

　　外公告诉他，小麦种植在旱田，整地工序是耕、耙、耱，而水稻种植在水田，整地工序是耕、耙、耖（chào）。水稻整地要先用水田犁翻松土地，再用耙把泥土打碎，最后用耖把泥土整得更细更平。

《耕织图》(清雍正)

34

龙骨水车又叫翻车，是三国时期马钧发明的提水灌溉工具，属于水车的一种，由木链、水轮、水槽、刮板、横轴、木蹬等组成。使用时，几个人一起用脚踩踏木蹬，车轴滚动，带动链板，刮板把河水不停地"刮"进农田。

龙骨水车模型 中国农业博物馆馆藏

水田耕地大多使用曲辕犁，它比北方旱地使用的直辕犁多了犁槃（pán）、犁箭等部件。犁辕弯曲，犁架也更轻更短，能轻松掉头和转弯，在泥土软烂的水田里使用起来更加省力。

水田犁 中国农业博物馆馆藏

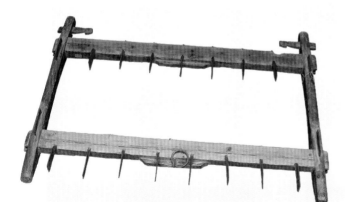

水田耙 中国农业博物馆馆藏

水田使用水田耙来破土。不同于旱地耙竖向的耙齿，水田耙的铁齿是横向的。

稻田整地最后一步用的是耖，它像个大梳子，除了能把土地压平，还能把土壤梳理得更细。

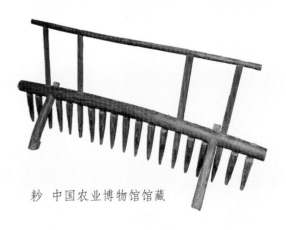

耖 中国农业博物馆馆藏

"水稻栽种的准备工作除了整地,还有催芽。我们会对稻谷进行一系列处理,让它们的种子整齐地发芽,就像给睡着的种子定个闹钟,然后把它们一起叫醒。"外公说。

外公是怎么"叫醒"稻谷的呢?

① 晒种:把稻谷摊放在阳光下晒几天,阳光会促进发芽,还能杀死稻种表面的病菌。

② 选种:用水清洗稻谷,浮在水面上的被淘汰掉,沉在水底的饱满的稻谷被挑选出来。

③ 浸种:将选好的稻谷泡在水中一到两天,还可以在水里添加一些盐、杀菌剂等消灭病菌。

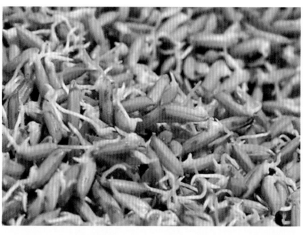

④ 催芽:用湿布包好稻谷,控制好温度和湿度,让它们整齐地发芽。

最后,米娃们终于睡醒了,还伸出了两个白白的"触角"。不过,外公说,这不是触角:朝上生长、短短的是胚芽,将来会长成水稻的茎叶;朝下生长、较长的是胚根,将来就是水稻的根了。等胚根长到和稻谷一样长的时候,就可以播种啦!

二十四节气日历卡

5月 小满
水稻育秧

一	二	三	四	五	六	日
1 劳动节	2 十三	3 十四	4 青年节	5 十六	6 立夏	7 十八
8 十九	9 二十	*10* 廿一	11 廿二	12 廿三	13 廿四	*14* 廿五
15 廿六	16 廿七	*17* 廿八	*18* 廿九	19 四月	20 初二	*21* 小满
22 初四	23 初五	24 初六	25 初七	26 初八	27 初九	28 初十
29 十一	30 十二	*31* 十三				

从小房子到大房子

盼啊盼,终于到了播种的时候。

外公把发芽的稻谷均匀地播撒进一小片田里,说:"我们用一小块田作为秧田,相当于一个小房子,把水稻的小秧苗集中起来照顾,这样更加方便和周全。等到它们长大了,再移栽到大田里去。"

早晚天气冷,为了不让秧苗冻着,外公在秧田上搭了架子,盖上塑料薄膜,然后疏通沟渠,加固田埂,把水引入秧田。

一个月的时间里,宽宽每天都跟着外公去秧田查看,水少了要补水,每过一段时间要补一次肥,温度高了还要掀开薄膜降降温。

宽宽觉得种水稻比种小麦麻烦多了。

外公笑笑说:"不同作物有不同的种植方法,但都讲究精耕细作,从整地到收获,只有每一步都细致周到,最后才能有好收成。这是我们祖先传下来的智慧和经验。"

芒种节气，天气渐热。秧苗已经在秧田里住了一个月左右，越长越高，越长越壮。秧田变得郁郁葱葱，但也很拥挤，快住不下了。

外公坐在秧马上，把秧苗们拔出来，洗洗根上的泥土，一捆捆扎好，准备帮助它们搬家，搬到更宽敞、有更多空气、阳光和水分的"大房子"——本田里去。

宽宽的任务是帮着把秧苗们装进竹篮里，再提到田埂上。田埂滑溜溜的，宽宽一不小心滑了一跤，弄得满身是泥。

二十四节气日历卡

6月   芒种
秧苗入田

一	二	三	四	五	六	日
			1 儿童节	2 十五	3 十六	4 十七
5 十八	6 芒种	7 二十	8 廿一	9 廿二	10 廿三	11 廿四
12 廿五	13 廿六	14 廿七	15 廿八	16 廿九	17 三十	18 五月
19 初二	20 初三	21 夏至	22 端午节	23 初六	24 初七	25 初八
26 初九	27 初十	28 十一	29 十二	30 十三		

秧苗都准备好了，准备插秧啰！

外公卷起裤脚，低头弯腰，在泥地里倒着走，一手拿着一大把秧苗，另一只手分出一小把，动作迅速地插到水田里。他告诉宽宽，插秧要插浅、插直、插匀、插稳。

看起来也不是很难，宽宽便自信地学着插起来。

但做起来可没那么简单。插了一会儿，宽宽直起腰，看看外公插的秧苗，一行行，一列列，像用尺子画出来似的。再看看自己的，歪歪扭扭，东倒西歪，还要继续努力呀！

秧快插完了，外公直起身，看着满是秧苗的稻田，像诗人一样吟起古代的一首插秧诗来：

> 手把青秧插满田，低头便见水中天。
> 六根清净方为道，退步原来是向前。

宽宽望望远处的水田，波光粼粼，倒映着蓝天、白云和绿树，插满稻田的秧苗为田野披上了绿色的衣裳，真美！

水稻拔秧和插秧时使用的传统农具，类似于小板凳下面加一个底板，可以防止板凳陷入泥泞的稻田，让人们劳作时更轻松。

秧马 中国农业博物馆馆藏

秧马作业图 选自《王祯农书》

外公说,我们祖先把关于耕种的智慧和经验都写在了农书中。我国古代著名的农书有哪些呢?一起来了解一下吧。

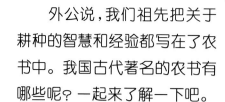

《氾(fán)胜之书》 西汉氾胜之所著。介绍了黄河流域部分地区农作物种植的技术和经验,是我国现存最早的农书。原书已不见,后人根据其他古书的引述作成各种辑佚本,又有现代印刷的本子。

《齐民要术》 北魏贾思勰(xié)所著。总结了黄河中下游地区人们进行农作物种植、家禽家畜养殖、食物加工和存储等的方法,是我国现存第一部最完整的古代农书。

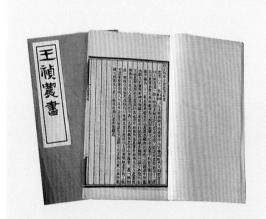

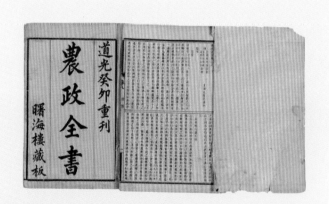

《王祯(zhēn)农书》 元代王祯所著,是一部大型综合性农书。书中对我国南北方的农业,以及所使用农具的特色进行了对比讨论。书中有极具价值的农器图谱,包含绘图二百七十余幅,罗列了各种与农业有关的工具,是全书的重点。

《农政全书》 明代徐光启撰写,陈子龙等人整理编定。从农本、田制、农事、水利、农器、树艺、蚕桑、种植、牧养等多个方面介绍农业生产状况,是一部农业百科全书。难能可贵的是,书中不仅辑录了大量前代和当时的文献,还包含了作者自己的研究成果、心得及见解。

二十四节气日历卡

6月　　　夏至

一	二	三	四	五	六	日
			1 儿童节	2 十五	3 十六	4 十七
5 十八	6 芒种	7 二十	8 廿一	9 廿二	10 廿三	11 廿四
12 廿五	13 廿六	14 廿七	15 廿八	16 廿九	17 三十	18 五月
19 初二	20 初三	21 夏至	22 端午节	23 初六	24 初七	25 初八
26 初九	27 初十	28 十一	29 十二	30 十三		

水田除草有妙招

　　夏至来临,长江中下游的梅雨季也到了,几乎每天都在下雨。一阵阵雨水浇灌着农田里的稻苗,同时长出了不少杂草。

　　外公和宽宽披着蓑(suō)衣,戴着斗笠,在稻田里来回穿梭,顺着水稻用长长的除草耙把水田中的杂草除掉。

　　宽宽记得,在爷爷家时,麦田除草用的是锄头。外公告诉他,小麦生长在旱地,而水稻生长在水田,杂草在水里晃晃悠悠,用锄头可不行,得用除草耙才方便去除。

斗笠和蓑衣
中国农业博物馆馆藏

　　我国农村传统的防雨农具,还可以遮风、防寒,穿戴灵活轻便,有7000多年的历史。斗笠由竹篾编成,蓑衣由杂草等材料编成,编制工艺精致巧妙。

　　稻田中传统的除草农具。把它放入水田中,顺着水稻的行间走向,前后推拉,除草耙头部的铁齿或铁条会钩住杂草,将其除去。

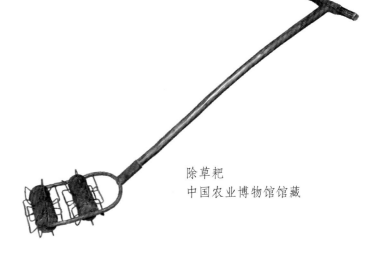

除草耙
中国农业博物馆馆藏

 **认识野草**

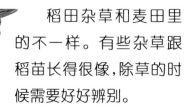
稻田杂草和麦田里的不一样。有些杂草跟稻苗长得很像,除草的时候需要好好辨别。

慈姑 多年生草本植物,水生或沼生,叶线形或线状披针形,是稻田常见杂草之一。全国各地均有分布。

千金子 一年生草本植物。茎直立,叶片跟稻苗很相似,穗比较小,细细的,是一种很好的牧草。

稗(bài)草 跟稻苗长得非常像,很难区分,有经验的老农会根据叶片、根部等细微的差别来区分。它是很好的动物饲料。

水苋菜 喜欢生长在潮湿的水田,茎直立,呈紫红色,开绿色或紫红色的小花。

鸭舌草 茎很多,叶子有椭圆形、针形等不同形状,开蓝紫色的小花,能用作景观盆栽,药用价值也很高。

二十四节气日历卡

7月　　　小暑

一	二	三	四	五	六	日
					1 建党节	2 十五
3 十六	4 十七	5 十八	6 十九	7 小暑	8 廿一	9 廿二
10 廿三	11 廿四	12 廿五	13 廿六	14 廿七	15 廿八	16 廿九
17 三十	18 六月	19 初二	20 初三	21 初四	22 初五	23 大暑
24 初七	25 初八	26 初九	27 初十	28 十一	29 十二	30 十三
31 十四						

经历酷暑的考验

已经是小暑节气,小暑后面还有大暑,天气越来越热,中午的太阳火辣辣的,把地面烤得滚烫。

宽宽只能待在屋里,不敢出去。看着窗外远处的稻田,他有些担心:"这么热的天,水稻会不会热死?"

外公说:"三伏天,'人在屋里热得跳,稻在田里哈哈笑'。水稻可不怕热,它们反而能长得更高更壮呢!"

傍晚的稻田里热闹非凡,处处充满欢乐和生机。

蜻蜓一会儿在水面上飞舞,一会儿停在稻叶上休息。螳螂挥舞着两把大刀在捕捉害虫,鸭子们总想偷吃水稻新抽出的稻穗,一群群小蝌蚪摇着尾巴在水里穿梭,小泥鳅在泥土中钻来钻去。

宽宽呢?他怎么一身泥?原来他和一群孩子在稻田里追蜻蜓、赶鸭子和捉泥鳅呢!

🌾 稻田害虫

螟虫 稻田里多种飞蛾的幼虫,喜欢钻在水稻茎秆里啃食,也叫钻心虫。

飞虱 会飞也会跳的小虫子,有褐色的、白色的和灰色的,喜欢吸食水稻的汁液。

象甲 灰褐色的小甲虫,头部长长的,像大象鼻子,喜欢咬食水稻的茎叶。

🌾 稻田益虫

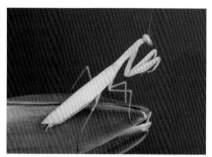

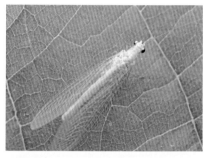

蜻蜓 很常见的昆虫,飞行能力强,捕食害虫,尤其是飞虫。

螳螂 头像小扇子,前肢像大刀,还带着锯齿,捕食各类害虫。

草蛉 幼虫长得丑丑的,成虫黄绿色,很好看。喜欢吃蚜虫和蛾类的幼虫。

二十四节气日历卡

7月 大暑
水稻快长

一	二	三	四	五	六	日
					1 建党节	2 十五
3 十六	4 十七	5 十八	6 十九	7 小暑	8 廿一	9 廿二
10 廿三	11 廿四	12 廿五	13 廿六	14 廿七	15 廿八	16 廿九
17 三十	18 六月	19 初二	20 初三	21 初四	22 初五	23 大暑
24 初七	25 初八	26 初九	27 初十	28 十一	29 十二	30 十三
31 十四						

收获劳动的果实

✏️ **宽宽日记**

8月20日　晴

米娃冒出了好多绿色的稻穗，像邻居家小妹妹头上扎的辫子。外公告诉我，水稻有的有芒，有的没有芒。我仔细观察了一下，有的谷粒上确实有短短的芒，比麦芒短多啦！

8月28日　晴

今天上午，米娃开花啦！它的花和麦宝的花有点像，小小的，黄黄的。稻田里有一股特别好闻的味道。外公说，这是稻花香，他还教了我几句宋词：

明月别枝惊鹊，
清风半夜鸣蝉。
稻花香里说丰年，
听取蛙声一片。

9月8日　晴

今天是白露节气，外公说水稻guàn浆了。他掐了一粒稻谷给我看，冒出像牛奶一样的水来。一粒稻谷就是一粒米啊，早知道不让外公掐了。

转眼秋天来了，水稻的稻穗渐渐变黄，谷粒也越来越饱满。馋嘴的小鸟总是趁没人的时候飞来偷吃稻谷。外公提议说："我们来做个稻草人，插在稻田里，鸟儿们以为是真人，就不敢来了。"宽宽兴奋极了："好啊好啊，我们做两个，大的是稻草外公，小的是稻草宽宽！"

霜降这天一大早，宽宽跟着外公来到稻田，带着昨天刚磨好的几把镰刀和一个叫"打稻机"的大家伙。

整片稻田金灿灿的，飘着清香，稻谷压弯了稻穗。外公挥着镰刀，把一排排的水稻割下，再捆起来放到打稻机上，用脚踩着进行脱粒。稻谷纷纷从稻穗上脱落，被装进麻袋，拉到打稻场去翻晒、扬场。

二十四节气日历卡

10月						霜降
						收割、脱粒
一	二	三	四	五	六	日
						1 国庆节
2 十八	3 十九	4 二十	5 廿一	6 廿二	7 廿三	8 寒露
9 廿五	10 廿六	11 廿七	12 廿八	13 廿九	14 三十	15 九月
16 初二	17 初三	18 初四	19 初五	20 初六	21 初七	22 初八
23 重阳节	24 霜降	25 十一	26 十二	27 十三	28 十四	29 十五
30 十六	31 十七					

宽宽一边拾稻穗一边想，这个场景好像在爷爷家也经历过，不过有些不一样……对了，这个时候，爷爷家的小麦应该开始播种了吧？

还记得收割小麦的镰刀吗？试着对比一下看看。

稻镰
中国农业博物馆馆藏

收割水稻的镰刀手柄较短，刀刃较长，上面有锯齿，主要用于收割水分较多的作物。

脚踏打稻机

也叫脚踏脱粒机，是用于水稻脱粒的农具，由踏板、滚筒、连杆等组成。脱粒时，用脚踩踏，使滚筒快速旋转，滚筒上的铁钩将稻穗卷入，使稻粒脱落。

也叫风谷车、风鼓车或风柜，是传统的清选农具，通过手摇出风，以去除水稻、小米、高粱等粮食作物中的谷壳、瘪粒、草屑等杂物，剩下饱满、干净的颗粒。

风扇车　中国农业博物馆馆藏

46

上午还是大晴天,下午却突然乌云密布。

可能要下雨了! 外公拉着宽宽一路飞奔到打稻场。

打稻场上都是从四面八方赶来的人们,大家用谷耙、簸箕等工具把摊开的稻谷都聚起来,盖上塑料薄膜,压上砖头,不让稻谷被雨淋着。

刚刚忙活完,乌云又渐渐散去,雨不下了。

真是让人虚惊一场!

几天后,稻谷都被收回家了。

外公把稻谷倒在家里的大石碾上,让牛拉着石碾转圈碾压。稻谷脱去壳后,又被倒进风扇车。宽宽使劲转动着把手,哗啦啦,杂物被吹走了,白白的大米终于出来了。

"煮米饭吃咯!"宽宽欢呼起来。

外公笑着说:"哈哈哈,什么时候吃米饭也能让宽宽这么高兴啦?!"

✏️ **宽宽日记**

11月10日 晴

又到回家的日子了。

爸爸妈妈都说我的皮肤变黑了,人也瘦了不少。那当然啦,种植可是一件非常不容易的事!

要知道,我自己辛苦种出来的大米,煮出来的米饭,吃起来味道当然格外香啦!

对了,我决定以后再也不浪费粮食了,一定一粒米都不浪费,我保证!

二十四节气日历卡

*11*月　　　立冬

水始冰

一	二	三	四	五	六	日
		*1*十八	*2*十九	*3*二十	*4*廿一	*5*廿二
*6*廿三	*7*廿四	*8*立冬	*9*廿六	*10*廿七	*11*廿八	*12*廿九
*13*十月	*14*初二	*15*初三	*16*初四	*17*初五	*18*初六	*19*初七
*20*初八	*21*初九	*22*小雪	*23*十一	*24*十二	*25*十三	*26*十四
*27*十五	*28*十六	*29*十七	*30*十八			

米娃的现代种植

① 使用集犁、耙、耖功能于一体的耕整机整理水田。

② 选择高产、抗病的稻种，在智能化育秧大棚中培育秧苗。

③ 使用自动化插秧机插秧。

④ 根据稻田情况精准施肥。控制病虫害和杂草时，使用不伤害环境的方法和药物，如灭虫灯。

⑤ 通过沟渠、水泵、水管等控制稻田水量。

⑥ 使用收割机收割、脱粒，稻秆粉碎后抛撒入农田作为肥料，稻谷使用烘干机烘干后储存加工。